LA VÉRITÉ

SUR

L'EMPRUNT D'HAÏTI.

LA VÉRITÉ SUR HAÏTI,

SES DEUX

EMPRUNTS,

SES AGENS, SES FINANCES, SON CRÉDIT ET SES RESSOURCES.

Réponse à la Lettre d'un Colon,

A L'USAGE DE SON EXC. LE MINISTRE DES FINANCES ET DES CAPITALISTES,

Par un Subrécargue.

Paris,

CHEZ TOUS LES LIBRAIRES.

IMPRIMERIE MOREAU, RUE MONTMARTRE, N°. 39.

1828.

TABLE DES CHAPITRES.

LA VÉRITÉ SUR HAÏTI.

CHAPITRE PREMIER.

ÉVÉNEMENS ANTÉRIEURS AU MOIS DE MARS 1828.

Il est temps enfin que la vérité soit connue sur les affaires d'Haïti; pour y parvenir entièrement, peut-être faudrait-il remonter très-haut, suivre pas à pas les négociations, les proclamations, les traités, et les emprunts qui se sont succédés depuis quatre ans. Il faudrait encore, et ce serait le plus piquant sans doute, faire connaître par quelles passions, quels intérêts, et quels secrets motifs, ont agi, parlé et écrit, les divers personnages qui ont occupé le public, des Haïtiens, de leurs ressources, de leurs emprunts, des espérances des colons et des actionnaires du premier emprunt.

Le temps nous presse, et si nous voulions livrer au public tout l'ouvrage que nous avons préparé sur le malheureux pays qui fut notre colonie, peut-être, avant qu'il eût vu le jour, l'attention générale serait absorbée par des affaires plus importantes; d'ailleurs, pour dire toute la vérité, ne faut-il pas s'exposer à des haines certaines? laissons donc les personnes; ne levons aucun masque; prenons pour colons ceux qui voudront se donner pour tels : les noms ne font rien à l'affaire. Mais quand des intérêts graves sont mis en jeu, quand la fortune publique est menacée d'une effrayante banqueroute, prémunissons au moins nos concitoyens, déjà trop abusés. Il ne s'agit ici ni de taquineries d'opinion, ni de principes politiques, mais de l'intérêt des familles; il importe peu à la cause des peuples que le bilan qui va se déposer soit celui d'une république.

La reconnaissance d'Haïti était un acte politique de toute nécessité: l'indemnité qui en a été le prix, une concession de toute justice. Mais en vendant aux noirs un bien qu'ils possédaient, M. de Villèle ne pouvait ignorer qu'ils lui en promettaient un prix qu'ils n'acquitteraient point. Cependant, par une singularité étrange, on oublia presque l'utilité de l'acte qui acheva l'émancipation haïtienne, pour ne se réjouir que de la grosse somme qu'on recevait en échange. Toutefois, il ne reste aujourd'hui de cet acte que la sanction donnée à l'indépendance de fait d'Haïti : indépendance qu'elle ne peut plus perdre, que si on l'actionne par corps pour le fait de sa banqueroute. Quant au prix qui payait cette sanction, et qui, aux yeux de M. de Villèle, en faisait tout le mérite, les plus aveugles même n'y veulent plus compter, malgré les efforts que tentent, pour y faire croire, des gens fort clairvoyans.

Plus d'une fois on a reproché à M. de Villèle d'avoir annoncé qu'il jouerait cartes sur table, et d'avoir toujours caché son jeu ; avec Haïti, au contraire, et c'est peut-être la seule fois que chose pareille lui arriva, ce grand homme d'affaires a joué cartes sur table, sans connaître le jeu de son adversaire.

Nous savons que le 3 p. % étant aux abois, son créateur crut avoir trouvé du renfort dans le prix qu'attacherait le gouvernement d'Haïti à la consécration de son indépendance par un acte du gouvernement français. En 1824, des envoyés haïtiens parurent furtivement à Paris et à Strasbourg ; on échangea des notes, et ils retournèrent vers leurs commettans sans avoir rien conclu. Il importe peu de dire pourquoi la négociation fut alors rompue : mais, à la même époque, le gouvernement français avait envoyé des agens en Haïti pour en connaître les ressources et offrir des conditions. Enfin, en 1825, une Ordonnance du Roi, datée du 17 avril, fut confiée à un envoyé extraordinaire, pour, sous l'escorte d'une armée navale, l'échanger contre la promesse d'une indemnité de 150 millions, et de quelques avantages en faveur du commerce français.

Il est évident que cette opération, dans laquelle nous avons perdu dignité et argent, est un des actes les plus funestes à la prospérité et à l'honneur de la France, parmi tous ceux du ministère dont nous sommes enfin délivrés. Si M. de Villèle supposait que les garanties nécessaires n'existaient pas ou ne seraient pas offertes en territoire, pourquoi a-t-il traité? S'il supposait qu'elles existaient, pourquoi n'a-t-il pas fait mettre en jugement (la chose en valait la peine) ceux qui l'ont trompé? et par qui et comment a-t-il pu l'être?

Haïti, stipulant par son président, le citoyen Jean-Pierre Boyer, s'est engagé à payer à la France, en cinq ans, 150 millions de francs, c'est-à-dire 30 millions par an. « Pour acquitter cette » somme, on avait compté sur de prétendus tré- » sors accumulés à Saint-Domingue et sur les » ressources du crédit [1]. » Qui avait compté sur ces *prétendus* trésors? Le gouvernement français, sans doute, et plus tard les contractans de l'emprunt. Mais le ministère et les banquiers ont-ils pu raisonnablement y compter, si la certitude de leur existence ne leur a été avancée par le président lui-même? Et, puisqu'il faut que Boyer ait

[1] Lettre d'un colon ; journaux du 6 mars 1828.

donné cette assurance, et que, néanmoins, ces trésors sont *prétendus*, le chef du gouvernement haïtien a donc avancé un mensonge. Plus tard, cependant, on va nous parler de son honneur [1].

« On comptait sur la ressource du crédit, dit » encore le colon; on croyait qu'on obtiendrait à » 5 et peut-être à 4 p. % les fonds nécessaires à » l'accomplissement du traité : une crise finan- » cière est venue détruire ces espérances, etc. » Comment penser qu'on obtiendrait des fonds à 4 p. % pour la dette d'Haïti, et cela sur la présomption très-légère que cet État possédait de prétendus trésors, lorsqu'à la même époque, c'est-à-dire quand l'Ordonnance fut signée, les fonds français étaient au-dessous du pair de 5 p. %? Quant à l'accusation portée à ce sujet contre la crise financière, elle semble bien peu fondée; car, si nous avons sûre mémoire, l'emprunt du premier cinquième de la dette d'Haïti eut lieu au commencement de novembre 1825, et alors, à peine la crise commençait en Angleterre; en France, elle ne se fit sentir que plus tardivement.

Quoi qu'il en soit, ce premier emprunt eut lieu; les fonds que, suivant le colon, on avait cru obtenir à 4 p. % d'intérêt, on les demandait à 6; et on ne trouva preneur qu'à 7 1/2, puisque l'emprunt fut soumissionné au capital de 80 %.

Ainsi, pour 30 millions d'obligations, Haïti n'en eut que 24; et, dès lors, sans préjuger du

[1] Lettre du colon.

sort des emprunts subséquens, ce pays se trouva devoir à la France une somme de 156 millions, au lieu des 150 stipulés.

Qu'eût-ce été, si, l'année suivante, il eût tenté un nouvel emprunt, même en supposant que les conditions n'eussent pas été pires, comme le cours des coupons de l'emprunt ancien à cette époque, nous prouve qu'elles l'eussent été [1].

Du reste, la nullité du crédit d'Haïti n'est point mise en doute par le colon; il pense que le gouvernement français, ayant stipulé pour les anciens propriétaires, l'abandon de leurs droits au prix d'une somme d'argent, s'est rendu auprès d'eux garant de la validité du contrat, et que même, Haïti ne payant pas, le gouvernement n'en doit pas moins payer. Nous sommes du même avis, jusqu'à ce point, que le gouvernement français, selon nous, ne doit que les 120 millions restant, et non les 150 millions en entier. Pour les 24 millions de l'emprunt, c'est affaire entre Haïti et ses banquiers; et ceux-ci doivent être sans inquié-

[1] « Les 150 millions fussent-ils empruntés aux mêmes conditions que les 24 millions du premier cinquième, il faudrait créer 11,250,000 fr. de rentes, au capital de 187,500,000 fr. Outre ces 11,250,000 fr. de rentes, Haïti devrait payer encore chaque année 7,500,000 fr. pour le remboursement du capital, ce qui ferait une somme annuelle de 18,750,000 fr. à payer pendant 25 ans, sauf la décroissance provenant de l'extinction successive des obligations. Or, d'une part, Haïti ne peut pas fournir cette somme annuelle; et, de l'autre, l'emprunt ne serait pas souscrit à ces conditions, puisque les 24 millions déjà existant sont tombés de 800 à 700, et même 670 fr. On ne sait vraiment à quelle valeur pourrait les faire descendre une nouvelle émission. » (*Lettre du colon.*)

tude, puisqu'ils ont la promesse du président, que personne ne sera payé avant eux [1].

Ainsi, il n'est point douteux qu'il faille aviser à un autre mode de libération pour le restant de la dette d'Haïti envers les colons dépossédés. Les débats récemment élevés entre MM. Laffitte, d'un côté, et le créole Hendricks, représenté par MM. Gisquet et Perrée et Guillot, d'autre part, ont prouvé que le gouvernement haïtien sentait aussi cette nécessité, et que, pour y subvenir, il avait choisi plutôt deux agens qu'un [2]; s'inquiétant peu si les instructions qu'il leur donnait devaient complètement se contredire, et mettre ainsi à nu la duplicité de sa conduite financière. C'est ce que les faits vont démontrer.

Il n'y a guère lieu de s'arrêter sur le plan de M. Hendriks, et d'examiner une opération basée sur un mode d'amortissement qui oblige le débiteur à recevoir au pair et pour un tiers ses propres billets, dans tous les paiemens qu'on lui fait. Les moyens proposés dans la lettre de M. le colon, et qui sont ceux-là mêmes dont l'exécution est remise à M. Laffitte, méritent plus d'attention : nous allons les examiner sous les points de vue principaux.

[1] On verra plus loin tout ce que vaut une promesse du président Boyer.

[2] Des observateurs qui prétendent avoir étudié le caractère des noirs en général, et en particulier celui de Boyer et de ses ministres, sont portés à croire que ce n'est pas sans dessein que le gouvernement d'Haïti a fait naître des embarras entre ses divers agens, pour excuser, par leur division, les nouveaux délais qu'il garde à ses créanciers.

Ces moyens reposent absolument :

1°. Sur l'assurance positive donnée à qui de droit par le président Boyer, qu'Haïti peut payer par an à la France 6 à 7 millions au moins ; ce qui donne une moyenne de 6 millions et demi, toujours *au moins*, pour parler comme le colon.

2°. Sur la substitution du crédit du gouvernement français au crédit d'Haïti.

3°. Sur la nécessité imposée à la France, sous peine de n'être payée qu'après les prêteurs de 1825, de garantir à ceux-ci le remboursement de leur créance au taux de 83 1/2, soit 3 1/2 p. % au-dessus du prix de soumission.

Nous allons examiner successivement ces trois bases de l'arrangement proposé.

CHAPITRE II.

Haïti peut-il payer par an 6 millions 1/2 au moins? NON.

Cette question doit être approfondie sous deux rapports, la garantie morale, qui est la bonne foi du débiteur, et la garantie matérielle, qu'il faut rechercher dans l'état de ses ressources. Voyons en premier lieu quel fond on peut faire sur les promesses du président Boyer, et, selon une expression très-heureuse de la brochure émanée de l'un des agens d'Haïti, *si le passé peut nous répondre de l'avenir* [1].

Avant de croire aux nouvelles déclarations

[1] Brochure de M. Ternaux en 1825, page 31.

du président d'Haïti, cherchons d'abord ce que sont devenues les promesses solennelles et officielles prodiguées en France, en son nom, par ses agens et correspondans, et, en Haïti, par lui-même, son sénat, ses députés et ses ministres; puis, nous verrons comment nous devons entendre les mots *confiance* et *honneur*, prononcés aujourd'hui par le citoyen Boyer ou en son nom.

Le 8 juillet 1825, au matin, le président d'Haïti annonça par une lettre à M. le baron de Mackau, envoyé de France, que le gouvernement de la république acceptait, d'après les explications qu'il avait données, l'Ordonnance qui reconnaît, *sous certaines conditions*, l'indépendance pleine et entière d'Haïti [1].

En novembre 1825, M. Ternaux, agent avoué des commissaires haïtiens, nous demande « comment il pourrait entrer dans l'esprit de qui que ce soit, que, lorsqu'il est question de transactions aussi importantes qu'un emprunt, et auxquelles sont attachés le repos et l'existence même de l'État, de transactions qui ont pour témoins les peuples et les gouvernemens de l'ancien et du nouveau monde, la république d'Haïti voulût se départir de cette sage politique (de payer exactement), s'exposer à mettre contre elle l'opinion générale qui est maintenant en sa faveur, et justifier par cette conduite toutes les imputations que la malveillance pourrait imaginer, etc. [2]. »

[1] Télégraphe du 17 juillet 1825. Ce journal est la gazette officielle d'Haïti.

[2] Pages 10 et 11 de la brochure publiée en novembre 1825,

Plus loin, à la page 20 de cette brochure, M. Ternaux nous dit « que les commissaires haï- » tiens *affirment* qu'il reste par an de 5 à 6 mil- » lions de francs au-dessous des recettes, et l'on » peut les en croire lorsqu'on sait (sans doute » par eux aussi) qu'il y a actuellement dans le » trésor une réserve disponible de au moins une » année et demie de revenu, c'est-à-dire, au » moins 50 millions de francs : réserve qui aurait » pu être offerte pour acquitter le premier terme » de l'indemnité, sans le désir qu'avait le prési- » dent de conserver ces *capitaux* dans le pays, » pour contribuer, au moyen d'une caisse d'es- » compte, à la baisse de l'intérêt, maintenant » très-élevé, et favoriser par là tous les dévelop- » pemens dont l'île est susceptible [1]. »

Le 1er. janvier 1826, le président d'Haïti dit : « Haïtiens, méritons toujours la divine protection » de la Providence par un respect profond et in- » variable aux lois, et par la plus grande loyauté » dans l'accomplissement de nos devoirs [2]. »

Le 12 février 1826, on ouvre à Port-au-Prince

sous le nom de M. Ternaux, et rédigée d'après les renseignemens et les assurances d'exactitude données par les commissaires haïtiens, pour engager les capitalistes français à souscrire.

[1] Quand, après avoir lu des phrases aussi précises, l'on se reporte à l'époque actuelle, et que l'on songe qu'il y a sept mois Haïti a créé du papier-monnaie, quelles réflexions pénibles n'y a-t-il pas lieu de faire sur les hardis imposteurs qui ont abusé l'honorable M. Ternaux, et, après lui, les malheureux capitalitses?

[2] Discours prononcé par le président le jour anniversaire de l'indépendance de la république : ce jour est une fête nationale.

un emprunt de 6 millions de gourdes par annuités de 100 gourdes négociées à 95 p. °/₀ et portant intérêt de 5 p. °/₀. Huit jours après, le prospectus de cet emprunt est discuté par le secrétaire d'État, le secrétaire-général et deux sénateurs nommés à cet effet par le président, et il est accepté au nom du gouvernement [1]. Cet emprunt n'a rien ou presque rien produit, et il en devait être ainsi.

Le 20 février 1826, la chambre des représentans des communes arrête, sur la proposition du président, et après avoir considéré qu'il est de l'*honneur national* d'assurer l'exécution d'un engagement (la dette de 150 millions) qui, sans porter atteinte à la dignité du peuple haïtien, consacre à jamais son existence politique.

« Art. 1er. L'indemnité de 150 millions de fr., consentie à la France pour la reconnaissance pleine et entière de l'indépendance d'Haïti, est reconnue *dette nationale*.

» Art. 2. Le président d'Haïti prendra les mesures que *sa sagesse lui suggérera* pour libérer la nation de cette dette. »

Le 25 février, le sénat décrète l'acceptation de la loi qui reconnaît DETTE NATIONALE l'indemnité accordée à la France.

Le 26 février, le président d'Haïti ordonne, au nom de la république, que la loi ci-dessus soit revêtue du sceau de la république et qu'elle soit publiée et *exécutée !...*

Vers cette époque, les commissaires haïtiens

[1] Voir le Télégraphe, gazette officielle, du 26 février 1826.

reviennent de France, et le gouvernement n'est pas content de leur mission[1].

Le 5 mars, le président Boyer publie une proclamation aux Haïtiens, dans laquelle on trouve ce passage bien décisif dans la question qui nous occupe. Il déclare solennellement à son pays et au monde entier le sens d'après lequel le gouvernement d'Haïti a accepté l'Ordonnance du 17 avril :

« Libre et indépendante de fait depuis 22 ans » (dit-il), Haïti n'a vu dans cette Ordonnance que » l'application à son égard d'une formalité pour » légitimer, aux yeux des autres nations, le gou- » vernement d'un peuple qui s'est constitué en » État souverain. C'est cette formalité, d'où ré- » sulte la renonciation du roi de France, pour » lui, ses successeurs et ayant-cause, à toute sou- » veraineté sur le territoire de la république, » que nous avons obtenue, en compensation d'une » indemnité, dont le *premier paiement a été effec-* » *tué, comme les autres le seront RELIGIEU-* » *SEMENT aux termes convenus.* La présente » législature, en déclarant cette indemnité dette

[1] On leur reprocha d'avoir consenti à ce qu'on frappât le sucre haïtien d'interdiction, et de n'avoir pas exigé que leur café pût entrer en France sur le pied du café de nos colonies. Les fermiers et les propriétaires du très-petit nombre de sucreries qui sont en Haïti, et qui ne fournissent que des mélasses, étaient fort mécontens; et le droit différentiel ne satisfaisait pas les propriétaires des caféyères. Enfin, on disait hautement : il n'est pas étonnant que Rouan.... et Frém.... aient souscrit à cette convention, ils n'ont point de propriétés rurales, ils ne possèdent que des biens de ville; quant à Daum...., il n'a que des dettes. On disait beaucoup d'autres choses qu'il serait trop long de placer ici.

» nationale, vient de donner une nouvelle preuve » de la garantie offerte par la république de *la* » *bonne foi* de son gouvernement [1]. »

Nous bornons ici nos citations, craignant de fatiguer le lecteur par le trop grand nombre de promesses faites pour tromper le public sur les ressources d'un État qui jamais n'a pu songer sérieusement à sa libération, Il était indispensable d'établir par des faits les moyens employés, avec ou sans connaissance de cause, par les divers intéressés en Haïti et en France, pour engager les capitalistes français à acheter des coupons de cet emprunt décevant.

Mais ce n'est pas seulement sur des promesses antérieures restées sans exécution, et qu'on savait inexécutables, qu'on peut établir sans réplique la mauvaise foi du président Boyer. *Sans rien chercher dans le passé qui puisse répondre de l'avenir*, n'interrogeons que les faits présens; voyons si, aujourd'hui du moins, le chef de la république haïtienne a la certitude qu'il ne promet rien que de possible : dans ce cas encore, on pourrait croire qu'il trompe; mais Boyer n'a pas même cette excuse; il promet ce qu'il n'a pas. Rien ne sera plus facile à prouver.

Il ne suffirait peut-être pour cela que du double mandat donné presque en même temps à MM. Hendriks et Laffitte, et qui a occasioné

[1] Remarquons que les 6 millions restant de ce premier emprunt ne vinrent en France que dans le mois d'août 1826 ; le premier paiement n'était donc pas effectué le 5 mars, et le président faisait un nouveau mensonge.

entre ces deux honorables financiers un débat assurément fâcheux; il ne faudrait que montrer le chef haïtien engageant, par l'entremise du premier de ces agens, et *pour trente années entières*, tous les revenus de la république, déjà hypothéqués d'une dette nationale sur laquelle 120 millions restent dus [1], pour un emprunt de 37 millions 1/2, sur lequel, en le supposant contracté au pair, supposition fort déraisonnable, les prêteurs ne verseraient que 31,100,000 francs. Que les pouvoirs accordés à M. Hendriks aient dû ou non expirer en février dernier, ils n'en ont pas moins été accordés, et si la négociation à laquelle ils ont donné lieu eût réussi, c'est-à-dire, si elle eût été présentée quelques jours plutôt, on se demande où serait la garantie donnée en même temps par l'intermédiaire de M. Laffitte, du paiement des 24 millions dus aux soumissionnaires du premier emprunt, quand, pendant trente ans, tout ce que possède Haïti était affecté à une autre liquidation. On se demande encore comment concilier la pompeuse annonce des 5 *ou* 6 *millions d'excédant des recettes sur les dépenses*, dont, selon le colon, Haïti peut disposer chaque année en faveur de ses créanciers français, et la modeste affectation proposée dans l'autre emprunt, d'un amortissement de 37 millions 1/2 reposant sur toute la fortune de l'État, et qu'il faudra néanmoins trente ans pour accomplir. On se demande enfin, quand il faut trente ans à Haïti pour payer 37 millions, quel terme elle assigne au rembourse-

[1] Voir les garanties de l'emprunt Hendriks.

ment de la somme quatre fois plus forte [1] due au gouvernement français.

Une fois la mauvaise foi du débiteur constatée, nous avons à rechercher l'état de ses ressources. On promet, au nom de Boyer, de 6 à 7 millions par an; voyons s'il est possible qu'il fournisse cette somme.

M. Ternaux a dit (page 20) que le gouvernement d'Haïti possédait 50 millions en réserve : je ne puis m'empêcher de regretter qu'un homme aussi justement estimé ait prêté son nom à d'aussi dangereux mensonges; mais il est aujourd'hui certain que cet honorable député a accueilli trop facilement des renseignemens fournis par des gens intéressés à les faire appuyer de son nom. Quant aux richesses du gouvernement d'Haïti, voici la vérité établie sur des faits.

Pendant tout le temps qu'a duré la guerre entre Pétion et Christophe, le premier était tellement gêné, que le papier de la république ne pouvait s'escompter sur la place de Port-au-Prince qu'à 35 p. %. A la mort de Pétion, Boyer arriva à la présidence, et il eut toujours la même guerre à soutenir : il ne put donc pas faire des économies jusqu'à la mort de Christophe, en octobre 1820. Ce ne fut qu'alors que les affaires de la république se rétablirent un peu. Christophe avait bien

[1] Quatre fois plus forte, si le montant de cette dette sacrée n'avait dû être diminué par le transfert des 37,100,000 fr. Hendriks; mais, dans ce cas encore, il restait toujours à payer 114 millions, dont 90 au gouvernement français, et 24 aux banquiers commissionnaires de novembre 1825.

amassé des trésors, mais lui seul en connaissait les dépôts; il mettait à mort les soldats qu'il avait employés à les cacher. Je sais de plusieurs personnes bien instruites et témoins de la fin tragique de ce despote, que l'on a trouvé, après le pillage du palais de Sans-Souci par le peuple, tout au plus 4 ou 5 millions de francs, les deux tiers en doublons et le reste en piastres fortes. Ainsi, Boyer n'avait donc en réserve, en 1825, que les économies qu'il avait pu faire depuis cinq ans, et encore ces économies devaient consister en monnaies du pays, dont la valeur intrinsèque n'est à peu près que du quart ou du cinquième de la valeur nominale. Admettons qu'il ait pu économiser 2 millions de francs par an; en 1825, il avait donc 10 millions de francs en gourdins du pays, et 4 millions en monnaies de bon aloi. Selon mon jugement intime, établi sur l'aspect d'Haïti, son état, sous le rapport de l'agriculture, du gouvernement et des mœurs, je leur crois à peine la moitié de ce que je trouve en supputant ainsi. Quant aux faits que j'avance, qu'on les vérifie au Port-au-Prince et au Cap, près des négocians étrangers établis depuis quinze ans, et près des Haïtiens de bonne foi que l'on rencontre encore épars sur ce beau territoire.

M. le colon avoue d'ailleurs que les trésors sur lesquels lui et M. Ternaux avaient compté n'existaient pas; il dit, sans doute d'après M. Laffitte, qui se déclare le banquier d'Haïti en France, que le président promet de payer 6 à 7 millions de francs *au moins* par an. Comment peut-il aussi ajouter foi à cette nouvelle promesse, alors qu'il reconnaît que les engagemens contractés précédemment ne peuvent pas être tenus? En vérité, je suis tenté de croire que M. le colon est plus intéressé qu'il ne veut le faire paraître à l'accomplissement des moyens qu'il propose pour la libération d'Haïti, et surtout pour celle des *détenteurs de coupons* du premier emprunt.

Tous les colons que j'ai rencontrés en Amérique et en Europe n'ont jamais cru aux prétendus trésors d'Haïti; et je regrette bien, pour les actionnaires de 1825, que M. le colon annonce, aussi tardivement, que ces trésors n'existent pas. Tout concourait alors à cacher la mauvaise foi et l'indigence de notre nouvel allié, et ces erreurs étaient, en quelque sorte, accréditées par les journaux de l'opposition, qui ne savaient comment exprimer leur satisfaction de voir une république florissante. Je conçois que la négociation, connue en France dans le mois de septembre 1825, ait pu enlever tous les suffrages du commerce et ceux des colons qui voyaient enfin un terme à leur misère; je conçois que d'honorables banquiers et industriels aient pu se laisser abuser d'abord par les commissaires haïtiens; mais ce que je concevrai difficilement et avec regret, c'est que, dès le mois de décembre, la vérité sur ce déplorable événement n'ait pas été révélée franchement et publiquement par ceux-là mêmes qui, en prêtant leur nom et leur crédit à cette république, devaient à leurs concitoyens de les instruire sur les ressources imaginaires qu'on leur avait si impudemment laissé entrevoir. Ne devaient-ils pas nous dire : *Nous avons été trompés, ne le soyez plus*? Ont-ils craint d'être blâmés d'avoir accordé leur confiance trop légèrement, ou ont-ils espéré que, peu à peu, le gouvernement haïtien se releverait? Dans l'un et l'autre cas, leurs agens en Haïti, commandités par eux, ou leurs amis, ont dû, dans leurs règlemens de comptes et leurs correspondances, les instruire des affaires malheureuses que ce traité a entraînées; ils devaient bien savoir que, tôt ou tard, la vérité serait connue, et que le non-paiement des emprunts et des remboursemens promis ouvrirait enfin les yeux. Le lecteur, en se reportant aux nouvelles tentatives que l'on fait aujourd'hui pour engager les capitalistes à souscrire encore, appréciera pourquoi. Je m'arrête ici. Pensons que les personnages honorables dont le nom est compromis dans ce désastreux tripotage, n'ont été que trompés, avec moins d'excuse, toutefois, que les malheureux capitalistes qui se sont engagés sur leur foi; mais, si, à présent, on a recours à de nouvelles menées, pour attirer dans le piége les rentiers et le gouvernement français, nous serons heureux que nos avis, tous désintéressés, puissent arrêter la ruine de quelques familles, ou empêcher un funeste emploi des deniers publics.

Un mot sur les monnaies d'Haïti prouvera le peu de cas que l'on doit faire de ses ressources en produits de douanes, impôts ou autres. L'administration ne livre à la circulation que trois espèces de monnaies, et seulement en argent :

1°. des *gourdins*, ou quart de gourde; 2°. des *escalins*, ou huitième de gourde; 3°. des *trois sols*, ou seizième de gourde. Pour égaler le poids d'une gourde d'Espagne, il faut quatre gourdes en gourdins d'Haïti, et cinq gourdes en escalins; en outre, ces monnaies ne sont pas de bon aloi, et il en circule beaucoup de fausses; ainsi, la valeur nominale est à la valeur intrinsèque à peu près comme 5 est à 1; il en résulte que, dans le pays, on rencontre fort rarement d'autres espèces. Les Américains y ont introduit une grande quantité de faux gourdins et escalins, et ils ont retiré, comme ils le font partout, les monnaies d'Espagne de bon aloi : on voit qu'une somme quelconque dans le pays n'en représente qu'une égale au cinquième pour l'extérieur; il faut donc acheter des denrées du sol pour satisfaire à ses engagemens du dehors. Ainsi, ses produits de douanes, ses taxes et impôts, et même les emprunts intérieurs, s'ils avaient réussi, ne pourraient parvenir en France en espèces; en achetant tout le café que produit Haïti, le gouvernement ne saurait en tirer une somme, rendue en Europe, suffisante pour satisfaire aux nouveaux engagemens qu'il propose, ou à ceux pris antérieurement. C'est ce que nous démontrerons bientôt, et toujours par des faits.

Voyons d'ailleurs si, dans les paiemens effectués depuis 1825, nous trouvons, dans les ressources d'Haïti, un disponible d'*au moins* 7 millions par an.

D'après la lettre de M. le colon, nous devons

supposer que le gouvernement d'Haïti, qui n'a point amorti chaque année, comme il s'y était engagé, le cinquième de son premier emprunt, n'a pas non plus racheté des annuités depuis deux ans qu'elles sont émises, quand leur état de baisse aurait dû l'engager à consacrer quelques sommes à ce service.

Si Haïti peut à l'avenir, et pendant trente ans, payer 7 millions *au moins* par an, elle a dû pouvoir les payer pendant les deux ans et demi qui se sont écoulés depuis la reconnaissance : l'intérêt a donc été exactement servi; c'est ce dont nous pourrions douter, car M. Laffitte ne l'a point dit. Mais admettons que cela soit, cet intérêt s'élève à près de 2 millions; ainsi, d'après l'hypothèse de 7 millions annuels, le gouvernement d'Haïti a donc dû économiser 5 millions par an, ce qui devrait lui constituer une réserve de près de 12 millions depuis deux ans et demi. Nous ne tenons pas compte des 6 millions fournis si tardivement par cet État pour compléter les 30 premiers millions à la caisse des dépôts [1], et nous

[1] En parlant des 6 millions fournis par Haïti, on ne nous dit pas comment ils sont enfin parvenus en France et à leur destination. On pourrait croire que ces fonds furent puisés dans les trésors que M. Ternaux nous a positivement dit exister en Haïti; car, en tout, M. le colon ne cherche à rien détruire du tableau prospère tracé par cet industriel. Le gouvernement d'Haïti ne parvint à réaliser, au Port-au-Prince, 4 millions en quadruples et en piastres, que vers le mois de juin 1826, et il les confia, je crois, à un bâtiment français, qui les déposa au Havre en août. Les 2 autres millions sont arrivés plus tard et par portions de café, qui forme la principale et presque l'unique production pour l'exportation. Il doit rester évident que si le gouvernement

ne devons porter notre attention que sur les ressources annuelles ; car il est entendu que les trésors qui ont tenté le créateur du 3 p. % n'existaient pas.

Si Haïti a pu économiser une réserve de 12 millions depuis deux ans et demi, pourquoi ne pas avoir amorti publiquement, comme on s'y était engagé, ou bien ne pas avoir racheté, alors que son emprunt était assez bas pour lui permettre d'éteindre avantageusement sa dette ? En outre, nous l'avons déjà dit, on montrait de la bonne foi et des ressources, bien faibles sans doute ; mais enfin il y avait quelque chose. Le prospectus de l'emprunt Hendriks, la lettre de M. Laffitte pour l'empêcher de réussir, et, par-dessus tout, la lettre de M. le colon et les longs articles du *Journal du Commerce*, publications dont l'origine commune est bien évidente, nous indiquent assez que si le gouvernement d'Haïti avait pu disposer de 7 millions par an, on n'aurait pas omis de nous dire, ou qu'il avait en réserve la différence de 7 millions à la somme nécessaire pour servir l'intérêt du premier emprunt, ou qu'il avait employé cette différence à en étein-

d'Haïti avait possédé 6 millions de francs quand il reçut la nouvelle que cette somme manquait pour compléter *le premier cinquième* de sa dette, il se serait hâté de l'envoyer intégralement, pour prouver qu'une aussi petite partie du total ne l'embarrassait pas, et pour ajouter aux nombreux argumens que ses honorables correspondans faisaient répandre en France dans des brochures et les journaux, pour prouver que les 50 millions de réserve existaient, et qu'ils augmenteraient par an de 15 millions AU MOINS ; car alors aussi on disait au moins, comme aujourd'hui on promet 6 millions *au moins* par an.

dre une portion; en cela, il faut louer la prudence des agents d'Haïti; ils se souviennent des 50 millions promis en 1825, et ils ne veulent plus répondre des réserves, pour quelque minimes qu'elles puissent être.

La lettre de M. le colon est rédigée avec la plus grande habileté : ailleurs, nous parlerons de la conversion en 3 p. °/₀ des 150 millions. Ici, suivons les ressources d'Haïti, restons dans le pays et voyons si nous y trouvons les élémens de l'augmentation présumable que M. le colon nous laisse entrevoir adroitement, en soulignant partout les mots *au moins*. Il dit : « Le gouvernement d'Haïti » vient de proposer une liquidation sur ces bases; » il promet de fournir chaque année 6 millions et » demi *au moins*, et il promet même d'augmen- » ter annuellement cette somme, au fur et à me- » sure de l'augmentation *présumable* et CER- » TAINE de ses revenus, etc. »

Nous avons assez clairement établi plus haut que le non-aveu d'une réserve de 12 millions environ, ou de l'emploi de pareille somme en extinction des annuités, depuis deux ans, prouvait évidemment que le gouvernement d'Haïti ne pouvait pas disposer de 7 millions par an. Un coup d'œil rapide sur les ressources d'Haïti, sous le rapport de l'agriculture et du commerce, mettra le lecteur à même de juger si ce pays peut accroître sa prospérité et son crédit.

Ce que l'on va lire est extrait d'un ouvrage complet sur Haïti que nous comptons livrer au public. En attendant, et dans l'intérêt de la vérité, nous acceptons toute espèce de polémique que M. le colon ou M. Laffitte, les agens ou banquiers d'Haïti voudraient entreprendre, nous réservant, toutefois, de ne pas payer les insertions dans les journaux aussi chèrement que M. le colon, que nous ne croyons ni créole ni ruiné, et qui, par ses insertions multipliées dans les journaux, se montre aussi prodigue que le pourrait être le plus riche banquier de France [1].

Agriculture, commerce, industrie d'Haïti.

Pour bien apprécier les ressources d'un État, il est indispensable que l'administration soit régulière, que les rouages du gouvernement soient bien engrénés, et que les administrés soient instruits et pénétrés de leurs devoirs envers la société, afin de les accomplir. Telle n'est pas la position d'Haïti et des Haïtiens. Il y a malversation dans la plus grande partie des comptes rendus ; ils sont établis sur de faux élémens. Chacun veut de l'argent par quelque moyen que ce soit : les chefs, enrichis par la révolution, désirent que l'ordre se rétablisse, et on comprend pourquoi; mais ceux qui, après avoir acquis, ont dissipé, ou ceux qui n'ont encore pu rien acquérir, se plaignent toujours. Ces derniers forment la masse de la population. Cette masse ne sera jamais contente

[1] Nous proposons au J. du Commerce d'entreprendre avec nous une polémique sur cette affaire, mais à condition qu'il insérera nos réponses, que nous nous engageons à ne pas autant allonger que les siennes : lui voici une belle occasion de prouver sa bonne foi.

d'être destinée aux travaux les plus rudes, au profit du plus petit nombre qui n'a sur les autres aucune supériorité : les lumières et les idées généreuses sont réparties dans une classe moyenne qui n'a pas assisté à la révolution et qui, par cette raison, est rejetée des emplois élevés et lucratifs, et il en résulte, dans cette classe, un dégoût général pour le travail des terres, et, dans l'autre, une ambition démesurée de posséder.

Sur les habitations qui ne sont point abandonnées, et c'est le plus petit nombre, la population est à peine le sixième de ce qu'elle était autrefois. Aucune loi ou coutume n'a encore pu régler les jours et heures des travaux communs. De là des contestations sans nombre entre les principaux fermiers et les cultivateurs-ouvriers ; aussi voit-on le plus souvent l'exploitation principale délaissée par le fermier, parce que les noirs en ont négligé les détails pour s'occuper de leurs potagers, de leurs bestiaux et de leurs fruits dont ils retirent un bénéfice plus prompt et plus sûr. Les seules habitations cultivées avec quelque soin sont celles affermées aux chefs militaires, qui font travailler leurs soldats. Cependant on a vu en 1825, sur l'habitation Drouillard, que possède et exploite le président lui-même, les noirs partir au milieu de la récolte, en répondant aux objections qu'on faisait pour les retenir : *moi libre, ainsi moi aller*, et réclamant le prix des journées qui leur étaient dues. Boyer sentit qu'il serait dangereux de les contraindre : cette reconnaissance du principe de la liberté individuelle est fort louable ou fort prudente, mais elle ne donne ni café ni sucre, et, pour nous, c'est de quoi il s'agit.

Sous Toussaint, sous Dessalines, sous Christophe, la culture était florissante; sous Pétion et sous Boyer, elle diminua tous les jours. Cette différence s'explique, quand on songe que les noirs sont nativement paresseux, et que la crainte des châtimens peut seule les forcer au travail. Or, les trois premiers chefs étaient noirs et pouvaient impunément les contraindre, par les plus violens châtimens, de travailler sur les habitations. Les nègres ne se défiaient pas d'un nègre qui, comme eux, sortait d'esclavage ; mais il n'en fut pas ainsi des chefs mulâtres de l'ouest : ceux-ci durent, pour maintenir leur pouvoir, fermer les yeux sur la paresse de leurs concitoyens, et ils n'osèrent plus employer les moyens violens. Les conséquences de ces deux positions se présentent en foule, et l'on conçoit pourquoi les produits d'Haïti diminuent d'année en année, et doivent diminuer encore.

Les cultures d'Haïti sont peu variées : il n'y faut comprendre le sucre que pour mémoire. Ce produit, de très-mauvaise qualité, et dont la fabrication déplaît fort au nègre, revient à un prix double de celui de la Martinique, et triple de celui de Cuba. Nous en avons vu récemment au prix de 22 gourdes le baril (55 fr. le quintal), et dont la qualité était si inférieure, qu'on ne pouvait l'employer que comme mélasse, encore en trouvait-on très-difficilement, parce que le jus des cannes est tout employé à faire du tafia et du gros sirop pour la consommation du pays. A l'époque dont nous parlons, on avait de la peine, dans cette même ville du Cap, dont la plaine pouvait jadis fournir du sucre à l'Europe entière, à s'en procurer quelques barils pour les provisions des navires de la rade. La culture du coton n'est guère plus importante; il peut s'en exporter à peine un million de livres en petites parties; et il est rare que chaque habitation en puisse fournir une balle entière (300 livres); aussi tous les envois qui se font en Europe, consistent seulement en ballots ou ballotins, produit quelquefois de deux récoltes successives, qu'on embarque pour arrimer, et que les chargeurs acceptent comme appoint de comptes.

Ce que nous avons dit du coton peut s'appliquer aux bois de teinture.

Depuis deux ans, les exploitations de bois d'ébénisterie ont paru prendre quelque extension. Mais de pareilles tentatives ayant déjà échoué par suite de la répugnance pour tout travail suivi qui caractérise les habitans, et de la difficulté de remplacer les ouvriers manquans, dans des forêts éloignées de toute habitation, on doit moins compter encore sur le résultat de ces entreprises que sur le produit du coton.

Nous ne nous arrêterons point sur les évaluations des cacao, curcuma, tabac, indigo et écailles, marchandises cotées pour la forme sur les prix courans du pays, qui, ensemble, ne produisent pas une exportation de 100 mille fr. Nous donnerons une attention toute particulière au café, dont la culture facile est la seule qui puisse s'accorder avec les habitudes paresseuses du nègre.

En 1825, Haïti a produit, suivant les évaluations les plus exagérées, 40 millions de café. La récolte de 1826 et celle de 1827 n'ont point atteint ce produit.

Cependant, en admettant pour un moment que la prospérité agricole de ce pays ait dû s'accroître et réaliser les brillantes espérances que M. Ternaux voulait que les souscripteurs du futur emprunt pussent concevoir, voyons dans quelle proportion la production eut dû augmenter, pour, je ne pas dis élever, mais seulement maintenir à son niveau la fortune publique.

Quand on a pompeusement évalué les revenus d'Haïti en 1825, on n'a pas compté assurément, sans les bases sur lesquelles tout revenu public repose de quelque façon qu'on s'y prenne, les produits territoriaux. La valeur de ces produits, quand ils consistent, comme dans l'espèce, en articles d'exportation, n'est réglée que par le cours des marchés étrangers; et si nous considérons que le café d'Haïti valait en 1825, sur les marchés français, 70 c., qu'en 1826 il descendit à 60, en 1827 à 50, et qu'on le cote aujourd'hui 40 et même 38 c., il y a lieu à demander si l'accroissement de la culture chez le peuple le plus paresseux de la terre, a pu jamais monter en raison inverse de cette baisse des prix, amenée par d'autres causes qu'une production excessive en Haïti, c'est-à-dire par l'accroissement des arrivages de café de l'Inde, du Brésil et des colonies espagnoles, sur les ports anglais, des Pays-Bas et du Nord.

Il reste, quant à présent, une autre remarque à faire.

Haïti, nous l'avons dit, n'a point de numéraire propre à une circulation à l'étranger : il ne peut donc payer qu'en denrées ; et, en supposant qu'il produise, avec quelque abondance, autre chose que du café, nous ne pourrions, grâce à notre système de douane, recevoir avec quelque avantage autre chose que cette production. Or, le prix moyen du café en Haïti est de 7 à 9 g. le quintal ; ajoutez y 20 p. % de frêt et d'assurance, ce prix établit en France la parité de 42 à 54 fr. La France reçoit annuellement environ 12 millions de café d'Haïti, qui en produit 40 millions au plus. Ainsi, 12 millions de café qui coûtent en Haïti 5,760,000 fr., ne représentent en France, au prix actuel de 40 c. la livre, qu'un capital de 4,800,000 fr.

Après cet examen des différentes cultures en Haïti, résumons-nous pour connaître quelle somme en argent représente, à peu près, la masse des exportations de cet État.

Café, 40,000,000, à 36 c., suivant les derniers cours, les frais déduits	14,000,000 fr.
Sucre, mémoire	»
Coton, 1,000,000 liv..	750,000
Acajou et Campêche, 3,000,000	800,000
Caret, Indigo, etc., etc. . . .	100,000
	15,650,000

Supposons, pour faire un compte rond, 16 millions de francs, qui représentent le produit total de l'agriculture haïtienne [1]. Les arts industriels sont, d'ailleurs, nuls dans ce pays, et cela doit être quand, sur cent habitans, on en trouve à peine un qui ait les moyens de consommer les produits de toutes les professions qui ont pour but de pourvoir aux besoins les plus matériels de la vie.

Nous venons de voir, dans l'état actuel de l'agriculture en Haïti, quelle faible ressource offre ce pays. Nous avons dit que depuis trois ans sa fortune publique avait plutôt décru qu'elle ne s'était augmentée. Un coup d'œil sur l'état moral de la nation nous prouvera qu'il n'y a point, pour elle et pour nous, d'accroissement probable à attendre dans aucune des branches qui constituent la prospérité des peuples.

L'Haïtien ne connaît presque ni mariage légal, ni liens de famille, ni intérêts de propriété; Christophe, qui avait senti, sous les inspirations de M. Wilberforce, de quel intérêt il était, pour

[1] Si 16 millions représentent les exportations d'Haïti, les importations du commerce extérieur dans cette île, ne peuvent excéder cette somme : cette vérité est évidente. Elle va nous conduire à apprécier, plus justement qu'on ne l'a voulu faire jusqu'aujourd'hui, le montant du revenu des douanes. En estimant ce produit à 25 p. % de la valeur des marchandises, tant à l'entrée qu'à la sortie, on trouvera, sur 16 millions importés et 16 millions exportés, 8 millions de francs entrant dans les caisses du gouvernement; c'est, à coup sûr, tout ce que la douane peut nous produire. Nous osons à peine rappeler que, lors de l'évaluation des revenus d'Haïti en 1825, on a osé porter ce produit à 17 millions.

la prospérité d'un État, d'établir l'ordre dans les familles, et d'assurer la transmission légale des propriétés des pères à des héritiers certains, avait usé de son autorité despotique pour multiplier les mariages dans la partie du nord, et empêcher les divorces, qui, depuis la réunion de son royaume avec la république, se sont reproduits d'une manière presque incroyable. Dans l'ouest et dans le sud, les formes du gouvernement ont laissé toute liberté au concubinage, et le mariage légal y est presque inconnu[1].

Il n'y a guère plus d'espérances à fonder sur les lumières des Haïtiens que sur leur moralité. L'état des connaissances de tout genre est fort arriéré chez eux; on n'y compte pas un individu sur mille qui sache lire et écrire, et l'état de l'instruction diminue sensiblement en raison directe de la diminution des revenus privés; des moyens qu'ont les pères de procurer de l'éducation à leurs enfans, et de l'insouciance qu'ils mettent à assurer l'avenir de ces fruits du concubinage.

CHAPITRE III.

Le gouvernement français doit-il substituer son crédit à celui du gouvernement d'Haïti? Oui.

[1]. « Sans mariage, point de parenté ni de famille assurée, point de possession patrimoniale ni d'héritage attitré, nul partage de terre; de là vient que tout appartenant à tous, chacun cherche à profiter du commun, et personne ne veut travailler pour tout le monde. Il en résulte l'état de barbarie des nations sauvages, et toute société est renversée. » (*Virey, de la femme*, 1823, in-18, p. 147.)

Le premier emprunt de 24 millions doit-il être compris dans cette substitution? Non.

Nous avons déjà reconnu que le gouvernement français, ayant stipulé au nom des colons de St.-Domingue, et sans les consulter, doit être au moins responsable envers eux des sommes qu'Haïti s'est engagé à payer, en gardant tout recours que de droit sur le premier débiteur. Ce qui est tout à fait contestable, c'est que le Trésor public, qui a déjà reçu au nom d'Haïti 30 millions, dont 24 ont été versés par des traitans français, doive restituer ces sommes, et se faire ainsi, non plus le garant d'une créance qu'il a endossée, mais le banquier d'un débiteur dont il connaît le peu de solvabilité.

Il est vrai que si la France en agissait ainsi, ce serait biens moins, si nous en croyons le colon, par la conviction du bon droit de la créance des banquiers contre elle, que par la peur qu'on lui fait des engagemens qu'aurait pris son débiteur, de ne la payer qu'après tout le monde, si préalablement elle-même ne payait tout le monde pour lui avant d'avoir reçu un sou.

Nous comprenons peu les argumens subtils qui veulent établir une différence entre une dette dite *de confiance et d'honneur* et une dette nationale, dont on a aussi hypothéqué le paiement sur *l'honneur* public, et que l'on a solennellement promis de payer religieusement. Nous ne savons pas si une pareille dette est moins pressante pour la conscience, qu'un engagement envers des créanciers qui ont abusé de la position du débiteur, pour prêter à un taux presque usuraire? Et, d'ailleurs, ces créanciers, en prêtant à un pareil intérêt, et en courant ainsi les chances de grands bénéfices, ne doivent-ils pas supporter *seuls*, et *absolument seuls*, toutes celles de la baisse et du discrédit.

M. le colon oublie qu'il est colon; que tous ses intérêts sont dans les chances du paiement des 120 millions qui demeurent dus par Haïti, et que l'emprunt de 1825 reste et doit rester entièrement étranger aux colons et au gouvernement français: nous pensons bien que ce gouvernement doit intervenir avec son crédit, ou, en d'autres termes, qu'il doit endosser les billets d'Haïti pour 120 millions, mais qu'il ne doit son endossement que sur de véritables et valables hypothèques, ce que nous développerons plus bas.

Nous en appelons aux moralistes et aux publicistes, et nous leur demandons de dire, en conscience, qui doit avoir l'antériorité de la promesse solennelle et officielle de 1825 et 1826, ou de la promesse présentée par M. le colon, en 1827 et 1828.

Nous ne savons si M. le colon ne serait pas M. de Villèle lui-même; mais il faut au moins, de quelque libéralité d'idées qu'il se pare, le croire ami et grand ami de ce défunt ministre et de ses systèmes. Quand il songe à faire régler les intérêts des colons, il ne voit (à part la solidarité qu'il établit entre eux et les banquiers du premier emprunt), l'accomplissement de ce devoir possible, que dans la création d'un nouveau 3 p. %. Il ne veut pas que le gouvernement emprunte 120 millions de capital au cours du jour, soit à peu près 5,880,000 fr. de rentes; il propose mieux que cela, et, à l'en croire, il y aurait économie dans son plan, même en remboursant aux banquiers, avec prime et bénéfice, les coupons du premier emprunt. Voici ce qu'il dit ou veut dire:

120 millions à 5 p. °/o donnent, au cours actuel, à peu près 5,880,000 fr. de rentes.

150 millions à 3 p. °/o donnent, au pair forcé de °/o p. °/o, 4,500,000 fr. de rentes.

Donc, en payant les colons, que vous devez rembourser au taux actuel de la valeur de l'argent en France, vous leur devrez 5,880,000 fr. de rentes.

En les payant au taux prétendu de 3 p. °/o, et en payant en même temps les banquiers, qui ont prêté leur argent à 7 °/o parce qu'ils couraient des chances, et que vous débarrassez de tous risques, vous ne dépensez que 4,500,000 fr. de rentes; ainsi, il y a pour vous un bénéfice de 1,380,000 fr. de rentes.

Le colon oublie deux choses dans ce calcul :

D'abord, c'est que donner à lui et à ses frères d'infortunes, pour 120 millions qu'on leur doit, 3,666,000 fr. de rentes, c'est évidemment les frustrer de 48 millions de capital, sur une somme qui représente déjà une si faible partie de ce qu'ils ont perdu [1].

[1] Le colon dit bien qu'aucun des anciens propriétaires d'Haïti ne sera tenu d'accepter son remboursement en 3 p. °/o; et que les réfractaires pourront attendre avec sécurité que l'accumulation

Ensuite, c'est que si les circonstances obligent le gouvernement à faire, à l'égard des colons, de si sévères économies, le ministre des finances, contraint à refuser, d'une main, au malheur une partie de la réparation qui lui est due, n'ira pas, de l'autre, indemniser des banquiers qui ont fait une mauvaise affaire, mais qui ne l'ont faite que dans l'espoir d'en faire une très-bonne.

Les menaces prétendues de Boyer et que le colon répète, menaces dont l'objet serait une préférence accordée aux banquiers sur les colons par le chef d'Haïti, seront facilement prises pour ce qu'elles valent. La confiance que paraît montrer le colon dans leur résultat, évidemment contraire à sa cause, est assez peu fondée. Quand deux créanciers, dont l'un sera le gouvernement français, et l'autre une société privée, réclameront simultanément une dette d'un État étranger, on sait qui des deux le premier aura satisfaction, même en dépit des sentimens particuliers du débiteur. Mais dans la cause, et malgré les sermens de Boyer, la connaissance de ces sentimens est encore un problème; et, ce qu'il a promis aux agens des banquiers de l'emprunt 1825, il le promettra, au premier événement, au chef de notre station des Antilles et à tout autre venant; et au-

des sommes fournies par le président Boyer, permettent de rembourser leur capital. Mais le colon sait bien quel fond il faut faire sur les rentrées d'Haïti, et si, lui-même, il prendra la patience d'attendre, avec son titre, les envois de ses loyaux débiteurs d'outremer.

cune de ces promesses n'aura pu être donnée avec la ferme résolution et les moyens de l'accomplir. Mais, même en admettant la bonne foi de Boyer et ses ressources, nous trouverions encore que sa libération, par préférence envers les porteurs de coupons, privilégiés dans sa pensée, éprouverait d'insurmontables difficultés. Il ne pourrait pas songer, à coup sûr, à faire le paiement en espèces; et le gouvernement français ne laisserait point entrer des denrées pour son compte sans faire, à leur délivrance aux consignataires choisis par Boyer, toutes les oppositions que de droit. Il n'y aurait donc qu'un seul parti à prendre, c'est de diriger sur l'Angleterre les cafés destinés à payer l'emprunt français. Mais, pour payer par an les 7 millions et demi sur lesquels comptent les banquiers, il faut en Angleterre, au cours actuel de 34 sh., il faut 18,750,000 liv. pesant de café: ose-t-on calculer quelle influence pourrait avoir sur les prix la venue soudaine d'une masse pareille d'une denrée déjà dépréciée, et combien il serait nécessaire d'y ajouter pour parfaire la somme due?

CHAPITRE IV.

M. Hendriks, M. Laffitte, le colon et le Journal du Commerce.

En analysant les lettres de MM. Hendriks et Laffitte, la lettre de M. le colon et les articles du Journal du Commerce, des 9 et 11 mars dernier, on trouve qu'il existe une parfaite corrélation entre les argumens de ces publications diverses. Il sont toujours basés sur des engagemens positifs, contractés par le président d'Haïti, par l'intermédiaire de quelqu'un de ces messieurs. On ne peut s'empêcher de reconnaître une espèce de solidarité établie entre les moralités de ces tentatives d'emprunt, surtout quand on songe que tous appuient les moyens de libération de Saint-Domingue envers la France, d'abord, sur les nouvelles déclarations ou promesses du président, dont la réputation de bonne foi a été démolie par des faits; puis, sur les ressources d'Haïti pour payer *au moins* 7 millions par an, et peut-être plus, au fur et à mesure de l'augmentation *présumable* et *certaine* de ses revenus. On a vu par l'état exact de l'agriculture dans cette grande île, si l'on pouvait espérer d'en voir augmenter les produits, ce qui, selon nous, n'est ni présumable, ni, par conséquent, certain.

Les deux articles du Journal du Commerce trouveront donc naturellement, dans cet écrit, une réponse à chacun de leurs argumens. Le temps nous presse pour le livrer au jugement du public; toutefois, faisons remarquer au lecteur que, le 9 mars, le Journal du Commerce, persistant à croire aux promesses et à la bonne foi du gouvernement haïtien, on ne sait pas pourquoi, ajoute encore aux nombreux et constans éloges qu'il lui a adressés depuis trois ans, en disant : « Haïti se constitua bien, rigoureusement » débitrice envers la France d'une somme de

» 150 millions, et ne tarda pas à donner la *preuve* » *éclatante de sa bonne foi* en la faisant reconnaître dette nationale par les corps constitués » de l'État ».

Le 11 mars, toujours convaincu de bonne foi, il veut que l'on paie les colons en 5 p. % ou tout au moins en 3 p. %. Il n'exige de garanties de la part d'Haïti que les nouvelles promesses, et, sans s'occuper du degré de solvabilité de cet État, ni des hypothèques qu'il doit offrir, il prétend que « ce dernier mode est le seul qui se concilie avec » l'intérêt des contribuables, avec celui des colons » et avec les ressources et les propositions du » gouvernement d'Haïti ». Il aurait dû ajouter : et avec *l'intérêt des détenteurs du premier emprunt*. Car M. le colon et le Journal du Commerce s'occupent certainement beaucoup plus des prêteurs de 1825 que des créoles, et des contribuables français. Les avantages accordés en Haïti à notre commerce ne sauraient produire de longtemps la somme de 120 millions que le Trésor est menacé de payer, sous le prétexte de prêter son crédit. Bien autrement malheureux, en cela, que les traitans de 1825, qui subissent, en perdant beaucoup, les conséquences des chances de bénéfice qu'ils espéraient, les contribuables n'ont de chances que celle de perdre ; c'est donc assez qu'ils les courent sur 120 millions.

En nous rangeant de l'avis du journal le Phare du Havre, du 11 mars courant, quand il dit, dans un article sur la question qui nous occupe, que l'on a voulu faire mousser l'emprunt (en termes de métier, à ce que dit M. J. B. D.), nous regrettons qu'il partage aussi l'opinion que Haïti peut payer 6 millions par an ; à ce trait, on reconnaît qu'il est encore abusé, comme tant d'autres, sur les ressources de cet État indigent et sans bonne foi.

CHAPITRE V.

Seuls moyens conformes à la raison et à la bonne foi pour réhabiliter Haïti et aider à sa libération.

Il nous reste à examiner sur quelles bases nouvelles la France doit et peut se mêler de la libération d'Haïti. Cette question devient grave et compliquée, au moment où les esprits sont frappés de la lucidité et de la franchise du rapport de M. le comte Roy, en annonçant un déficit de près de 217 millions. Si on voulait en croire les agens d'Haïti, il faudrait augmenter cette dette de 150 millions ; nous aurions dans nos finances un découvert de 367 millions, ou, en d'autres termes, il faudrait servir l'intérêt de cette somme, en attendant qu'un jour, sans doute très-éloigné, l'Espagne et Haïti vinssent nous soulager de 239 millions, et cela, à leur convenance et sans que rien les pressât.

L'Espagne, l'un de nos deux débiteurs, et qui nous doit 89 millions, peut nous payer en territoire, soit dans les Antilles, soit aux Philippines, pour déporter nos malfaiteurs ; quant à l'autre,

Haïti, je ne vois aucune solvabilité possible, si l'on ne recourt aux moyens que nous allons développer. Il ne nous appartient pas de tracer au ministère français la conduite qu'il doit tenir, placé comme il l'est entre les contribuables et les colons dépossédés. Mais, sans proposer notre idée comme bonne, nous la donnons comme la seule qui soit exécutable. Que la France propose à Haïti de se rendre son répondant vis-à-vis des colons dépossédés, ou qu'elle reste sa créancière directe, il n'importe; mais, pour gage de son exactitude à remplir des engagemens déjà violés, il faut que le président livre à la France, sous la médiation de quelque grand État, le port et la rade du môle Saint-Nicolas avec une étendue de terrain d'une lieue de rayon, et toute la presqu'île de Samana, pour en faire tel usage qu'il nous conviendra, sous la condition que ce gage de paiement lui sera rendu le jour où il aura liquidé entièrement la dette de 150 millions, stipulée par l'Ordonnance du 17 avril 1825.

Cet arrangement avantageux à la France concilierait toutes les exigeances des colons et des contribuables, celles de la politique et de la bonne foi. Il est avantageux pour la France sous deux rapports : 1°. si Haïti paie exactement, et 2°. si Haïti ne paie pas.

Si Haïti paie, les intérêts des contribuables ne sont pas compromis, et nous avons en effet prêté notre crédit; mais sans le compromettre.

Si Haïti ne paie pas, nous devons toujours servir les intérêts aux colons, qui deviennent créanciers de l'État ; mais, avec de grands avantages, en compensation. Examinons ce que peuvent être ces avantages.

Le môle Saint-Nicolas nous offre une excellente situation pour créer, à l'instar de Saint-Thomas, qui est plus au vent, un port libre d'entrepôt. Si on considère les avantages qu'en tirerait notre commerce maritime pour ouvrir de nouveaux débouchés à nos produits, on ne balancera pas à penser que cet entrepôt aurait encore fait arriver en France des valeurs, qui rapporteraient bien au fisc l'équivalent des sommes payées tous les ans pour compléter le service des intérêts de la dette haïtienne.

La position du môle Saint-Nicolas est telle, que les caboteurs de l'île de Cuba, de la Jamaïque, de la Côte-Ferme et de tout le bassin des Antilles, viendraient y prendre nos marchandises, après les avoir payées en argent, pour les introduire en fraude sur tous les points des côtes voisines. Aujourd'hui, c'est à Saint-Thomas et à Curaçao qu'ils vont, parce qu'ils n'ont pas de ports plus rapprochés où ils puissent trouver les marchandises dont ils ont besoin. Il est probable que les bâtimens, en revenant en Europe, prendraient, sous voiles, au môle Saint-Nicolas, quelques-uns de nos produits pour les introduire, en fraude, en Angleterre et dans le nord.

Pour ce qui regarde les intérêts d'Haïti, dans la supposition qu'on restitue ce port à la république, c'est-à-dire dans la supposition qu'elle puisse se libérer, celle-ci profiterait des avantages commerciaux de tout genre que l'ouverture d'un port franc bien situé ne manque jamais de procurer à l'État qui peut l'offrir aux autres nations, témoins Saint-Thomas aux Danois, Curaçao aux Hollandais, Saint-Barthélemi aux Suédois. Ces ports sont situés dans les îles du Vent; mais il n'en existe pas de ce genre dans les Grandes-Antilles dont l'importance est bien autrement favorable à la création d'un entrepôt.

La presqu'île de Samana nous offre des exploitations de bois d'ébénisterie et de teinture, où l'on pourrait employer nos déportés malfaiteurs, plutôt que de les envoyer dans les bagnes. Je sais d'avance les inconvéniens de la situation pour cet objet; aussi je ne l'indique que pour mémoire; car dans mon opinion, outre l'exploitation possible des bois et des terres, ce port serait favorable à la création d'un second entrepôt et d'un port libre qui serait, pour les Petites-Antilles, ce que le môle Saint-Nicolas serait pour les grandes. Ainsi, la France posséderait, au moins pour quelques années, deux points qui domineraient toute l'étendue de mer comprise entre les îles du Vent et le golfe du Mexique.

Ce projet d'entrepôt est une grande question. Ce n'est pas ici le lieu de le développer; nous devons l'indiquer; de plus habiles que nous le traiteront en détail. Notre but était de mettre à nu les affaires d'Haïti, de montrer son dénûment complet de toutes ressources et le manque absolu de bonne foi de son gouvernement.

Nous plaignons sincèrement ceux qui, par aveuglement ou d'autre façon, se sont engagés sur la parole de ce gouvernement; mais, s'ils ont été trompés, qu'au moins personne ne le soit après eux.

FIN.

www.ingramcontent.com/pod-product-compliance
Ingram Content Group UK Ltd.
Pitfield, Milton Keynes, MK11 3LW, UK
UKHW012112240726
13965UKWH00004B/1720

9 782012 949072